CAISHANG QIMENG

杨勇 张静
主编

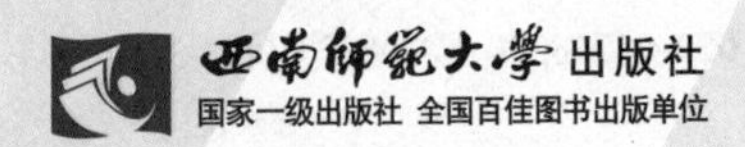
西南师范大学出版社
国家一级出版社 全国百佳图书出版单位

图书在版编目（CIP）数据

财商启蒙 / 杨勇，张静主编．—重庆：西南师范大学出版社，2016.3
ISBN 978-7-5621-7885-9

Ⅰ．①财… Ⅱ．①杨… ②张… Ⅲ．①财务管理—青少年读物 Ⅳ．① TS976.15-49

中国版本图书馆 CIP 数据核字 (2016) 第 060091 号

财商启蒙

CAISHANG QIMENG

杨 勇 张 静 主编

责任编辑：周 杰 李 炎
装帧设计：[logo] 设计
插　　图：魏莹盈 野生绘画设计工作室
排　　版：重庆大雅数码印刷有限公司·张艳
出版发行：西南师范大学出版社
地址：重庆市北碚区
邮编：400715
http://www.xscbs.com
经　　销：全国新华书店
印　　刷：重庆市国丰印务有限责任公司
开　　本：720mm × 1030mm 1/16
印　　张：6
字　　数：92 千字
版　　次：2016 年 3 月 第 1 版
印　　次：2016 年 3 月 第 1 次印刷
书　　号：ISBN 978-7-5621-7885-9
定　　价：20.00 元

恳请本书图片作者与西南师范大学出版社或重庆市版权保护中心联系，以便及时为您署名及支付稿酬。

西南师范大学出版社教育读物分社：023-68254934

重庆市版权保护中心：023-67708230 67708231

编委会

（按拼音排序）

亲爱的小朋友：

当你打开《财商启蒙》这本书，脑袋里一定会冒出不少小问号吧，财商是什么？孩子也要学财商？如何学习呢？……

其实，财商就是指人与金钱打交道的能力。众所周知，一个人的基本素质包括：智商、情商、财商。智商是一个人作为自然人所应具备的基本素质；情商是一个人作为社会人所应具备的基本素质；财商是一个人作为经济人所应具备的基本素质。

本书中那可爱的福娃将带领你走进神奇的财商大门：认识钱是什么，钱从哪里来，打工有什么秘籍，零花钱如何管理，怎样做个消费小达人，吃、穿、住、行里的财富你知多少，比金钱更重要的是什么。福娃将帮你掌握预算、记账、储蓄等理财基本技能，树立正确的金钱观，培养与金钱打交道的良好能力，学会未来生存的基本本领。

我们相信，《财商启蒙》能够激活你的财商，使你成为一个不一样的孩子。

编者大朋友

钱，是什么？当孩子还很小的时候，父母就会教他认识钱；财富，是什么？当孩子知道东西分你我的时候，就会开始守护自己的所有物；财商，是什么？ 15年以前没人能够回答，而现在财商已经与智商、情商并列成为现代社会能力不可或缺的三大素质，即智商是一个人作为自然人所应具备的基本素质，情商是一个人作为社会人所应具备的素质，财商是一个人作为经济人所应具备的基本素质。

简单来说，财商就是指人认识、创造、管理和享用财富（资源）的能力，它包括三个方面：观念、知识和行为。首先要实现观念自由，现代社会的财富不仅仅是钱，不仅仅是金银珠宝，它也可以是期货、债券、保险、股票、国家信用等非物质形态。其次要掌握相关知识，要成为一个真正的财富自由者，必须拥有很多的股票、法律甚至心理学等方面的各种各样的知识。第三是要有行为实践，即用切身行动驾驭财富，正确应用财富倍增规律。只有这三者结合起来，一个人的财商才能真正被激活。

财商教育的根本目的是让人们获得财富自由。财富自由是一个相对概念，可能有的人没多少钱就达到了财富自由，可能有的人有许多钱也没达到财富自由。能不能达到财富自由，关键是看金钱在你的生活中扮演什么角色，你是它的奴隶还是主人，或者是它的伙伴。人们的第一个境界可能都是金钱的奴隶，比如永远处在不断挣钱、不断还贷，永远有还不完的按揭和信用卡的状态等；第二个层次就变成金钱的主人，比如虽然我只有10元钱，但是这10元钱在为我工作，而不是我为它工作；再往上一步应该是伙伴，你既不是它的主人，也不是它的奴隶，生活中需要它的时候可以跟它平等对话，暂时不需要的时候也可以把它放在一边，它对你没什么嫉妒和抱怨，你对它也没什么牵挂。如果一个人和金钱达到了伙伴关系，那他应该就实现了财富自由，因为自由是相对奴役而言，当人和金钱不存在奴役关系时，自然就实现了自由。

一个人习得财商的最佳时期是青少年阶段，因此要从孩童时代培养小朋友们与金钱打交道的能力。重庆市渝中区在小学生财商教育培养方面争先锋、走前列，深刻体会其重要性，合众教师之力完成了这本适应儿童需要、彰显儿童特色的财商读物。

本书内容简单有序，能够满足低龄阶段孩子的财商培养需求；结构特色鲜明，以帅帅的卡通形象“福娃”，作为本书的主人公，和孩子们一起破译财商密码、趣读福娃泡泡字、探寻财富百宝箱、勇于智慧闯关、品味大富翁小故事、参与财商活动营。

通过这些有趣、多样的财商知识和活动，孩子们能够认识钱、了解钱；知道劳动创造财富，体会父母赚钱的辛苦；通过劳动赚取零花钱，并合理储蓄和使用零花钱，学会理财；发现生活中蕴藏的财富，构筑心灵世界的财富等。这些与孩子们切身相关的活动和体会，能够帮助他们感受财商魅力，激活财商细胞。

小朋友们，跟福娃一起去财商世界探险吧！

（汤小明）

CONTENTS 目录

第四单元 消费小达人

第五单元 家庭财富密码

第六单元 比金钱更重要的

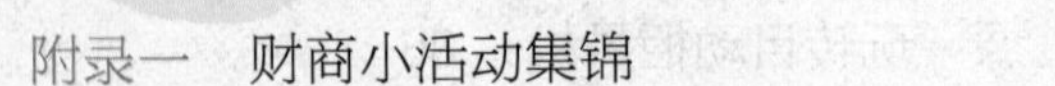

钱是什么

认识货币，了解钱是什么，以开启财商智慧的方便之门。世界各国（地区）的货币都有自己独特的设计，都蕴含着各国（地区）的历史文化……在“地球村”时代，通过认识各国（地区）的货币，可以帮助你轻松了解世界地理、历史、政治和经济文化。现在，就让福娃陪着你一起探秘“货币王国”吧！

第一课 遨游世界货币王国

货币是在商品交换长期发展的过程中分离出来的一般等价物，是人类商品交换发展到一定阶段的必然结果。

货币自诞生以来，经历了实物货币、金属货币、信用货币、电子货币等数次形态上的转变，但它作为一般等价物的本质没有发生变化。货币的“祖先”脱胎于一般的商品。某些一般的商品由于其特殊的性能，适合用作交易媒介，于是它就摇身一变成了商品家族的“新贵”——货币。比如动物贝壳，今天的人们已经很难想象它曾经是叱咤风云的“钱”了吧！除了动物贝壳，还有龟壳、布帛、可可豆，甚至鲸鱼牙等，都曾在不同地区、不同时代充当过货币。

后来，取代实物货币的是金属，比如金、银、铜、铁等，它们都曾长时间扮演过货币的角色。在金属货币之后诞生了纸币，也就是所谓的信用货币，它是由国家信用作为价值尺度与支付的保证，因此称为信用货币。

纸币相对于金属货币而言，它具有许多的优点，如更易于保管、携带和运输，因而被世界各国（地区）广泛使用。

2015 年 11 月 30 日，国际货币基金组织执董会决定将中国的人民币纳入国际货币基金组织特别提款权货币篮子，人民币成为继美元、欧元、英镑、日元之后的第五个成员。

小朋友，你知道下面的货币图片分别是上面哪个国家（地区）的货币吗？

近年来，随着信息技术的发展，货币的电子化趋势日益明显，电子货币越来越多地出现在我们的日常生活中，比如银行卡（借记卡、信用卡）、电子钱

包等。有了电子货币，大家就不用带一大沓钱出门，便可以通过智能手机等媒介完成支付，这给人们带来了前所未有的安全、方便、快捷的支付体验。电子货币的产生和移动支付的出现是货币发展史上的一次重大飞跃。

财富百宝箱

同学们，通过货币，我们可以认识各个国家（地区）的历史人物、世界上的濒危动物、各个国家（地区）的珍奇植物、世界上的经典建筑等。

在“地球村”时代，通过认识各国（地区）的货币，你还可以轻松地了解世界地理、历史、政治和经济文化。你知道吗，将5美分硬币到100美元纸币等各种面额的美国货币的图案连接起来就能构成一部美国简史哦！

智慧闯关

小朋友们，走进小小货币世界可以开启你们对语文、数学、历史、地理、外语、艺术等多学科的互动式学习之旅。还等什么，用你们最喜欢的方式开启对世界货币的探索之旅吧！福娃期待你们收获多多哟！

第二课 穿越中国古钱币

中国是世界上最早使用货币的国家之一，在中国的汉字中，凡与价值有关的字，大都以“贝”作偏旁。动物贝壳是早期的货币形态。随着商品交换的发展，充当一般等价物的贝，由于是取自自然，国家无法对贝壳的多少、真伪等做出保证和判断，于是开始用金属作为铸币的材料。而铜币的出现，便是我国古代货币史上由自然货币向人工铸币的一次重大演变。

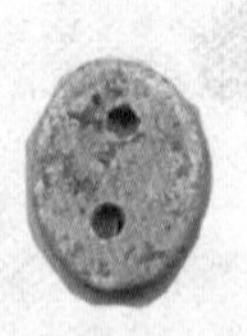

春秋战国时期，金属货币（铜币）就十分流行。中国最古老的金属货币之一就是铜铸币，其主要形式包括：一是“布”，主要是铲形农具的缩影；二是“刀”，主要是刀的缩影；三是铜贝之“蚁鼻钱”，它主要在南方楚国流通。

秦统一全国后，秦始皇于公元前 210 年颁布了中国最早的“货币法”——“以秦币同天下之币”，规定在全国范围内通行圆形方孔的“半两”钱。之后，“外圆内方”的钱币形状一直被历朝所沿用。

到了汉武帝时期，中央收回了郡国铸币权后改由中央统一铸造“五铢钱”，而它先后沿用了 700 多年，是我国历史上使用最久的货币之一。

唐朝时，唐高祖废除了“五铢钱”，新铸“开元通宝”。

北宋时，四川地区发行了我国历史上最早的纸币——交子，这也是世界上最早的纸币哟！

元代货币以纸币为主，但历朝皇帝都有铸钱，只是所铸数量不多。其中大量的品种是庙宇钱，又称供养钱。真正的流通铜铸币只有中统、至元、元贞、大德、至大、至正六个年号的通宝或元宝以及至大年间铸行的非年号钱“大元通宝”和“大元国宝”。

银圆始铸于欧洲，大约在 16 世纪流入我国。到了 1890 年（清光绪十六年），官方开始正式铸造银圆，银圆又称“洋钱”“大洋”。“孔方兄”从此退出历史舞台，取而代之的是圆形无孔的金属铸币，并沿用至今。

财富百宝箱

古币上的书法艺术

中国古代所流通的铸币币面一般只铸文字、不铸图案，因此就钱币的艺术性而言，除了依靠币材、铸造工艺之外，主要体现在其所铸文字的书法艺术上。我国历代钱币上的文字展现了金文古籀、秦篆汉隶以及真草行楷、仿宋简体等书体，而且它们大都出自历代书法名家圣手，如唐代欧阳询，南唐徐铉，宋代苏轼、米芾、蔡京、徽宗赵佶，金代党怀英等。在书法家的倾力发挥和工匠的精心铸造下，哪怕经过岁月的侵蚀，钱币老旧生锈，钱文模糊，却依旧掩盖不住其间书法艺术所散发出来的生动气韵和蓬勃的生命力。

智慧闯关

1. 重庆中国三峡博物馆有中国货币专馆，请你身临其境去看看那些珍奇的宝贝，或登录重庆中国三峡博物馆网站，浏览相关知识，充分感受中国悠久的钱币文化吧！

2. 认识了这么多的古钱币，你最喜欢哪一种呢？为什么？

第三课 爱上人民币

人民币是中华人民共和国的法定货币。人民币按照材料的自然属性划分，有金属币（亦称硬币）、纸币（亦称钞票）。无论纸币、硬币，均等价流通。人民币的单位为元，人民币辅币单位为角、分。人民币的货币符号为“¥”，例如：100元人民币，可以写作¥100。

随着时间的推移，人民币也在不断地改版，现在我国使用的是第五套人民币。

今天我们就走进第五套人民币，去了解它。

为适应经济发展和市场货币流通的需求，1999年10月1日，在中华人民共和国建国50周年之际，根据中华人民共和国国务院第268号令，中国人民银行陆续发行了第五套人民币（1999年版）。2005年8月31日，为提高其印刷工艺和防伪技术水平，中国人民银行发行了第五套人民币2005年版。2015年11月12日，中国人民银行又发行了2015年版第五套人民币100元纸币。

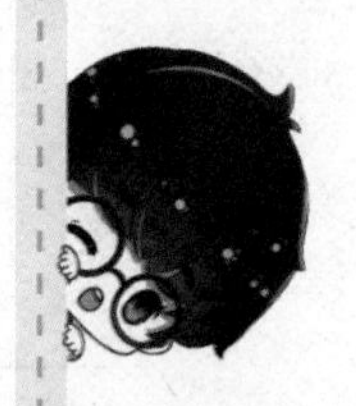

小朋友，你能分辨出第五套人民币的三版“100元”有哪些相同和不同之处吗？

1999年版100元人民币

2005年版100元人民币

2015年版100元人民币

第五套人民币共有8种面额：100元、50元、20元、10元、5元、1元、5角和1角。

一天，有一个人不小心掉了一枚1角钱的硬币，他看了看，因为只是1角钱，便没有理会，转身要走。这时，一个五六岁的小男孩很有礼貌地叫住他：“对不起，叔叔。请您把钱捡起来！”这个人笑着说：“为什么呢？”小男孩很认真地说：“因为这上面有我国的国徽！”

你欣赏这个孩子的行为吗？如果你也遇到这种事儿，你会和他做得一样棒吗？

思考：咦，怎么没有30元、40元、60元……这些面额的人民币呢？

第五套人民币（纸币）各面额正面均采用毛泽东同志新中国成立初期的头像，底衬采用了我国著名花卉图案，背面主景图案分别选用了人民大会堂、布达拉宫、桂林山水、长江三峡、泰山、杭州西湖。通过选用有代表性的寓有民族特色的图案，充分表现了我们伟大祖国悠久的历史和壮丽的山河，弘扬了伟大的民族文化。

第五套人民币的1元、5角、1角硬币背面分别铸有菊花、荷花、兰花。

财富百宝箱

在生活中，我们有可能会碰到假币哦！你知道哪些鉴别假币的小妙招呢？

银行的叔叔阿姨辨别假币的方法主要有四种：眼看、手摸、耳听、检测。（以第五套人民币中的100元纸币为例）

眼看：人像水印、光变镂空开窗安全线、光彩光变数字、胶印对印图案、横竖双号码、白水印等。

手摸：票面正面毛泽东头像、国徽、“中国人民银行”行名、右上角面额数字、盲文及背面人民大会堂等处。

耳听：通过抖动等方法能让真币发出清脆响亮的声音。

检测：借助一些简单的工具和专用的仪器来分辨人民币真伪。

你不妨和爸爸、妈妈一起试一试，或者到银行体验一下用仪器检测钞票真伪的方法哟！

《中华人民共和国人民币管理条例》

第二十七条 禁止下列损害人民币的行为：

（一）故意毁损人民币；

……

智慧闯关

请找出与第五套人民币面额对应的背面图案，并用直线连接起来。

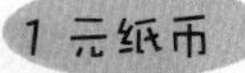

面额	背面图案
1 元纸币	布达拉宫
50 元纸币	人民大会堂
5 元纸币	杭州西湖
10 元纸币	长江三峡
20 元纸币	泰山
100 元纸币	桂林山水

全球著名的金融中心

根据北京师范大学出版社出版的《国际金融实务》中对国际金融中心的界定，金融中心是指当地从事国际金融业务的金融机构比较发达，国际金融业务比较集中、规模较大的某一地方，通常为某一城市。

这里不仅有源源不断的财富流通，还聚集了各行各业的精英。今天，就让我们来了解一下全球著名的金融中心吧！

★美国·纽约 美国的金融经济中心。它是美国最大的城市、最大的港口和人口最多的城市。

★英国·伦敦 英国的首都、欧洲第一大城市以及第一大港。

★日本·东京 日本的首都，亚洲第一大城市和世界第三大城市。

★新加坡 东南亚的一个岛国，享有“花园城市”之美称，全球最为富裕的国家之一，亚洲最重要的金融、服务和航运中心之一。

★中国·香港 我国的特别行政区之一，国际重要的金融、服务业及航运中心。

★德国·法兰克福 德国重要工商业、金融和交通中心，黑森州最大的城市。

★中国·上海 中国内地的经济、金融、贸易和航运中心。

★中国·北京 中国的首都，是中国的政治、文化中心。

★法国·巴黎 法国的首都和最大的城市，也是法国的政治、经济、文化中心，同时又是四大世界级城市之一，与美国纽约、英国伦敦、日本东京并列。

★美国·芝加哥 美国主要的金融、文化、制造业、期货和商品交易中心之一。

学习了前面的知识，你最想了解这些金融中心中的哪一座城市呢？你可以利用各种方法去深入了解它哟！

“班币”动起来

认识了人民币后，让我们一起设计一枚可以在班上流通的“班币”吧！期待你的作品哟！

同学们，你们制作的“班币”真是太精美了！怎样才能让它派上用场呢？跳蚤市场、班级 HAPPY 购、拍卖会……花样多多，精彩的活动等你来设计、参与哟！

钱从哪里来

小朋友们好像都生活在“不用自己花钱”的世界中：上学不用自己花钱，买东西不用自己花钱，外出旅游不用自己花钱……难道这些真的是免费的吗？当然不是，这是因为爸爸、妈妈用劳动所得为我们的消费买了单。

爸爸、妈妈是怎么赚钱的呢？小朋友们又可以做哪些事儿去减轻父母的负担呢？带着这些疑问，让我们和福娃一起去看看吧！

第一课 劳动创造财富

财商密码

有一首半个多世纪以前诞生的儿歌，它是这样唱的：“小喜鹊造新房，小蜜蜂采蜜忙；幸福的生活哪里来？要靠劳动来创造！”这首名为《劳动最光荣》的儿歌传唱至今，就是因为劳动最光荣、劳动最美丽。那么今天，就让我们认识认识身边最美的劳动者吧！

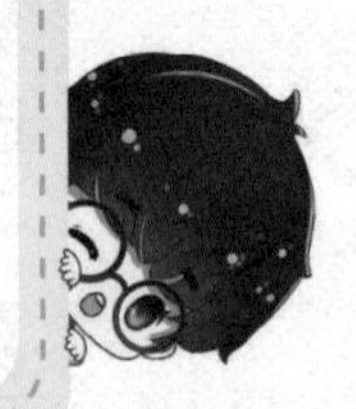

各行各业的劳动者

各行各业的劳动者通过劳动赚取自己应得的报酬，以创造自己幸福的生活，同时也为他人服务，为社会创造了财富。

我们的爸爸、妈妈通过辛勤的劳动为家庭创造着财富。

小小的妈妈是老师。白天给学生上课，晚上回家还要批改作业、备课……

佳佳的爸爸是装修工，找他装修的人可多了！为了按时交活儿，他经常工作到深夜。

××小超市

坤坤家开了一家小超市。爸爸、妈妈每天进货、卖货，常常一天要工作十几个小时。他们靠诚实守信的经营使家里富足了。

你们知道吗？其实我们也可以用自己的双手和智慧创造财富与奇迹。

瞧！我们每天用自己的劳动使教室变得温馨、整洁了。

有些同学用自己的劳动创造了“废品再利用，变废为宝”的奇迹。

感谢劳动，我们都在为他人服务，同时也获得他人的服务；感谢劳动，因为正是劳动让我们懂得生活，懂得珍惜，懂得身边所有的一切都来之不易！劳动不仅创造着物质财富，也给我们带来了富足的精神财富。

财富百宝箱

作为世界富豪的洛克菲勒家族，为了避免孩子被财富的光环“宠坏”，在教育孩子方面他们用尽心思地制订了一整套代代相传的教育计划，从而打破了“富不过三代”的怪圈。

小约翰·洛克菲勒鼓励孩子做家务“挣钱”：捉住阁楼上的老鼠，每只可获得5美分；劈柴火也有“工钱”。他的儿子劳伦斯和纳尔逊，分别在7岁和9岁时取得了给全家擦皮鞋的特权，每擦一双皮鞋可获得2美分……

智慧闯关

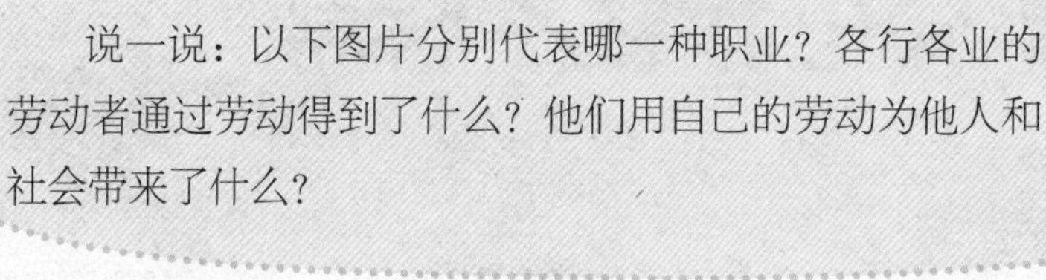

说一说：以下图片分别代表哪一种职业？各行各业的劳动者通过劳动得到了什么？他们用自己的劳动为他人和社会带来了什么？

第二课 父母挣钱不容易

现在的小朋友大多是独生子女，过着丰衣足食的生活。可是，大家想过没有，你们的幸福生活缘于爸爸、妈妈的辛勤劳动，那么作为孩子的你就应该对父母心存感激，应该尊敬父母，听从父母的教导，珍惜父母的劳动哦！

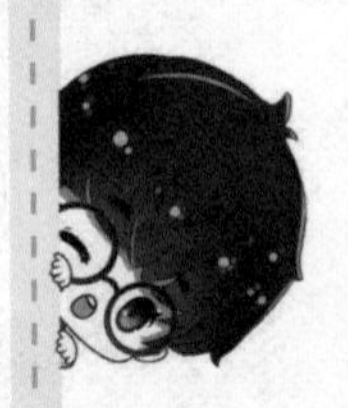

福娃的爸爸在一家房地产公司担任设计师，听说好多有名的建筑都是爸爸和他的同事们设计的，福娃就希望到爸爸工作的地方去看一看。

寒假里的一天，爸爸终于答应了福娃的请求，准备带着他一起到公司参观一下。第二天早上7:30，福娃和爸爸从家里出发，坐了20多分钟的公共汽车，再换乘地铁。8:30，福娃和爸爸终于到达了公司楼下。福娃抬头一看，哇，好高的楼房呀！

爸爸的办公室位于第41层。爸爸领着福娃参观了公司的各个部门：设计部、工程部、财务部、行政部……看得福娃眼花缭乱。看着叔叔阿姨们忙碌的身影，福娃这才知道一幢幢高楼的拔地而起，竟然有那么复杂的程序，包含着这么多人的智慧和心血。

福娃在爸爸工作的房地产公司待了一整天，他用笔和纸记录下爸爸一天的工作。不看不知道，一看吓一跳，原来除了午餐时间，爸爸一直都在马不停蹄地忙碌着，开会、修改设计图、研究设计方案、和客户见面……福娃打心底里想：爸爸挣钱真不容易啊！

财富百宝箱

美国的“父母日”

美国有很多公司将每年四月的第四个星期四设为“父母日”（Parents’ Day）。这一天，孩子们可以不去上学，而是和他们的父母一起工作，体验父母上班的情形，了解父母的工作内容及其艰辛程度。相处一整天下来，亲子关系在互动与交流中会变得更加和谐，孩子们更能深刻地认识到父母挣钱的不容易。有了这样的认识，孩子们便会更加尊敬父母，更加珍惜生活了。

了解父母，你还可以这样做：记住父母的生日；父母的鞋子尺码；父亲节、母亲节的日期；父母的工作单位……

智慧闯关

请你对爸爸或妈妈一天的工作和生活情况进行跟踪调查，以感受父母挣钱的不容易。请把你调查到的情况和感想填写在下列表格中。

跟踪调查表

时 间	地 点	做了什么事儿	感 想

第三课 “打工”可以从小开始

“天下没有免费的午餐。”“流自己的汗，吃自己的饭，自己的事情自己干。”作为家庭中的一员，我们也是小小劳动者，也能为家庭创造财富哟！

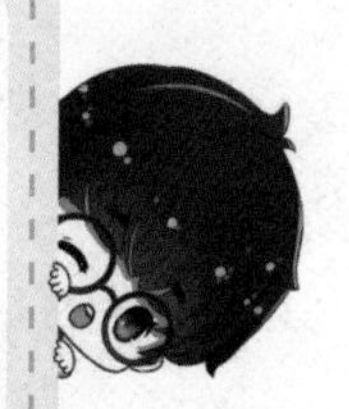

适合我们孩子体验生活的方式有哪些呢？

卖花

在某些特定的时间，卖花是一种很好的体验方式。比如，在情人节的时候卖玫瑰，在母亲节的时候卖康乃馨……售卖地点可以是影院门口、商场门口等人流量大的地方。

卖花看似简单，其实也不是一件轻而易举的事儿。想一想：为什么它不是一件轻而易举的事儿呢？

卖报纸

卖报纸是直接从经营中获利，尽管其利润是微薄的。卖报纸虽然不需要什么高深的学问，但也是有一些小窍门的！

卖报小窍门：卖报纸的地点是影响售卖情况的重要因素。比如车站、码头、地铁站等人流量大的地点都是卖报纸的好地方，不过这些地点的竞争也会比较大哦！

卖旧书

旧书若是当废纸卖了未免有些浪费，因为很多旧书都还有一定的阅读价值。如一些名著、工具书等，即使它们旧了，但它们仍然是有用的，而且只要价格合理，也是会有人愿意买的哦！因此，我们可以根据书的新旧程度，以及它可能具有的再利用价值，将其分门别类，摆个小书摊，以合理的价格将它们卖给有需要的人。

“校园跳蚤市场”

生活中，赚钱的机会还有很多很多，只要你是生活的有心人，你就会练就一双发现财富的慧眼。

福娃郑重提醒：

我们还是未成年人，能赚多少钱或者得到多少锻炼都不是最重要的。

外出“打工”的前提条件是一定要保证自身的安全和健康，要得到父母的允许，并在他们的监护下行动。（最好随身携带手机等通信工具，以便应对突发状况）

财富百宝箱

荷兰的“女王节”

荷兰有一个“女王节”，在这一天，孩子们都可以当上名副其实的“老板”，为此所有店家都会歇业一天，空出街道让这些“小商人”们大显身手。孩子们为了这一天的活动都会精心准备引人注目的服饰和道具，给自己的商品标价，然后大声地叫卖，还会和客人讨价还价……每个孩子都全情投入，因为这一天的生意如果做得不好，他们会感到羞耻。

黄昏时分，当地政府为了鼓励和犒劳辛苦了一天的孩子们，会动员街头乐队演出，以送上大人们的祝福。虽然只是短短的一天，但通过这一天的体验，孩子们不仅懂得了金钱的宝贵和劳动的意义，还明白了经营之道。

在被誉为“世界上做生意最理想的国家”——荷兰，孩子们通过“女王节”，便在小小年纪就拥有了良好的经济头脑，还能深深地体会到挣钱的不易。

智慧闯关

让我们开展一次“旧书换购活动”，或者对有价值的旧书进行一次“拍卖活动”，相关的方式方法可以求助“万能”的网络。为了活动顺利地开展，我们应当先拟定一份活动策划书哟！

大富翁小故事

亿万富翁“惜金如命”的生活

约翰·戴维森·洛克菲勒 (1839-1937)，美国慈善家、实业家。冷静精明、富有远见的他凭借其魄力和谋略，白手起家，一步一步地建立起了庞大的石油帝国。

洛克菲勒坚信他人生的目标是“从其他恶性竞争的商人们身上赚取尽可能多的金钱，而用此金钱发展有益人类的事业”。他将大部分财产捐出，用于资助慈善与研究事业，从而开启了美国富豪行善之先河。

虽然洛克菲勒拥有巨额财富，但他的生活却非常俭朴。洛克菲勒青少年时就买了一个小本子以记下每一笔收入和开支，并把账本视为自己一生中最珍贵的纪念物。他教育自己的儿女也要节俭度日，要求他们做家务挣钱，并认真记账。洛克菲勒为自己能把孩子们培养成小小的家务劳动者而感到自豪。

我是卖报的小行家

“啦啦啦！啦啦啦！我是卖报的小行家，大风大雨里满街跑……”我们也去试一试吧！

活动准备

1. 得到家长的允许与支持。

2. 活动之前，老师对参与体验活动的同学进行指导、培训，并给予安全提示。

3. 在父母或老师的帮助下，各小组同学用自己的零花钱批发 100 份左右的报纸。

活动方法

1. 利用假期（注：一天为宜），在老师或家长的带领下，分小组到人流量大的地方售卖报纸，赚取差价。家长或老师尽量放手让学生售卖，只需在必要时给予一定的指导和帮助。

2. 算出盈利，并思考如何用好这笔钱。

3. 写出感想或交流体会。

提交感想，交流体会

走上街头卖报纸，可能会是一次不一样的人生体验哟！在活动中既能锻炼我们与他人沟通的能力，又能锻炼我们的胆量，同时它也是我们迈出理财之路的一小步，还等什么，赶快动起来吧！在卖报纸时，一定要注意自身安全哦！

管好自己的零花钱

人们常说："若要生活好，勤劳、节俭、储蓄三件宝。"福娃告诉你：储蓄是我们理财的重要方式哟！

小学生或多或少都有一些零花钱，怎样管理好自己的零花钱，这可是有学问的哟！漂亮的存钱罐"扑满"将是你的好伙伴；小账本将是你的好帮手；当我们有了"一大笔"零花钱时，银行将是我们储蓄的好去处。当你用"自己攒的钱"买到想买的玩具和学习用品时，既可以让你深刻地体会到"积少成多"的道理，又可以让你懂得珍惜。

第一课 零花钱 好好管

什么是零花钱？零花钱可以说是“孩子可以自由支配的钱”。

福娃在得到第一笔零花钱时，爸爸、妈妈为他举行了一个郑重的“仪式”。妈妈把零花钱、钱包、漂亮的存钱罐、卡通记账本四样东西一起交给了他，并告诉他：钱包可以放一些零用钱，存钱罐可以储存一定数量的钱，记账本则可以用来记录自己花了多少钱、分别用在了什么地方……福娃开心极了，觉得自己一下子变成了“小富翁”。

这时爸爸也叮嘱道：每个月的××日就是发放零花钱的日子，零花钱花完了，当月就不会再给了，所以你一定要管好它哟！

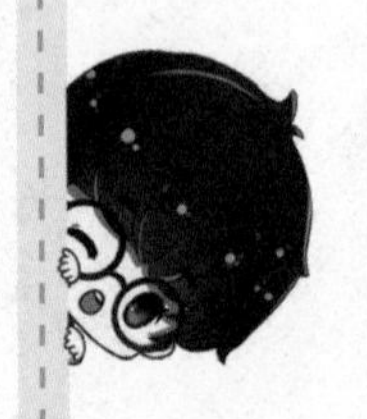

“扑满”是史料记载的最古老的理财工具，其名称取“其有入窍而无出窍，满则扑之”的寓意。

关于记好账目，世界“石油大王”洛克菲勒的儿子小洛克菲勒在教育孩子理财时有一套好办法。小洛克菲勒有5个孩子，当他们长到7岁时，每人每周便可以领到3美元的零花钱，其用途可分为三部分：自己花、储蓄和施舍。孩子们每次领零花钱的时候，小洛克菲勒都会发给他们一个小账本，让他们用来记录花掉的每分钱的用途、时间和开支理由。每周末进行检查，如果哪个孩子漏记了一笔账，就罚5美分，而记录无误且详尽的孩子则可以得到5美分的奖励。

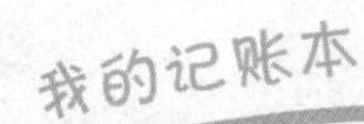

你知道记账本上应记录哪些内容吗？看一看左侧的图片，然后动脑、动手设计出专属于自己的记账本吧！

有了自己的零花钱后一定要记住节约地花，有计划地花，还要养成记账的好习惯哟！管理好自己的零花钱，它们会帮你实现更大的梦想。

财富百宝箱

分格子箱

零花钱管理的方法多种多样，这里给大家介绍一种不错的零花钱管理办法。你可以和父母一起动手做一个分格子箱，分门别类地管理各支出款项。

制作一个分格子箱，在每个格子上贴上要买的物品名称后，按自己的实际情况放入相应数量的零花钱。如果每月的零花钱共有 20 元，那么你就可以在文具格子中放 5 元、零食格子中放10元、购书格子中放5元。用钱的时候就在相应的格子中拿钱，而没有花出去的钱，则可以留在管理格子里。分格子箱旁边还可以放一个小小的记账本，以便于及时记账。

分格子箱
文具 零食 购书
管理
1元
记账本

智慧闯关

小朋友们，你们愿意和“扑满”交朋友吗？让我们一起动手来制作自己的第一个“扑满”，并设计出自己的第一本记账本吧！

制作“扑满”，可以利用废旧物品，变废为宝。而记账本既可以是纸质的手写账本，也可以是利用计算机制作的电子账本。

第二课 银行半日游

当你手头的钞票一天天多起来以后，怎样才能够妥善地保管它们呢？放到银行或许是一个不错的选择。去银行之前，让我们先来学学必要的储蓄知识吧！

银行是这样一种金融机构：我们把暂时不用的钱放在银行，让它们帮忙保管，到了一定期限，我们不仅能从银行拿回自己的钱，银行还会额外支付一定的“报酬”——存款利息；同时，银行还能将大家放在那里的钱拿来做其他更有意义的事情，其中最主要的是支持国家的基础建设，比如修筑高速公路、铁路等。当然，银行也有权将其中的一部分存款通过合法程序借贷给其他需要周转资金的企业和个人，以收取贷款利息。贷款利率比存款利率高，银行便可从利率差中获取差额利润等。

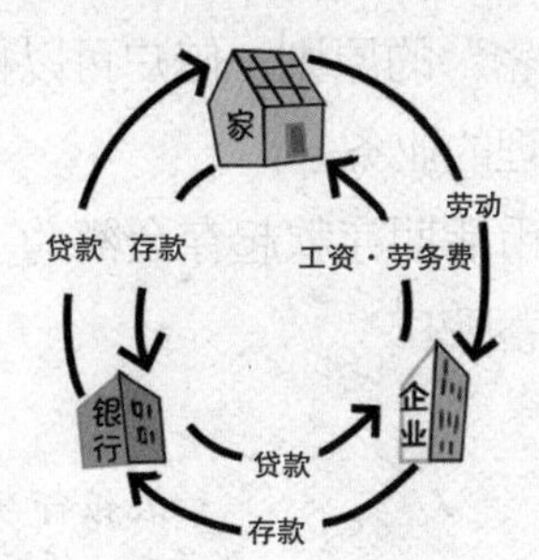

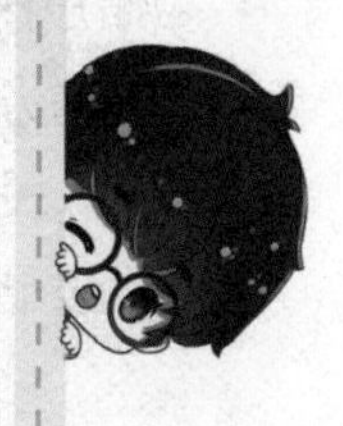

ICBC 中国工商银行

交通银行
BANK OF COMMUNICATIONS

上面是我国主要的国有商业银行及重庆本地的重庆银行的标志等相关信息，认识了它们，你就多了许多储蓄的选择，因为每个银行的利率是不一样的哦！

我国储蓄机构办理储蓄业务时，必须遵循“存款自愿、取款自由、存款有息、为储户保密”的原则，储户可以根据钱的多少、使用需要、利率高低等选择其希望办理的业务。

人民币活期存款起存金额为 1 元，存取金额和时间都不受限制，很方便小朋友储蓄哦！

在银行存钱，首先需要办理一张存折（银行卡）。

福娃要跟妈妈一起去银行办理他的第一张存折（银行卡）。他们带着印章、钱，还有妈妈的居民身份证，以及能够证明福娃和妈妈是一家人的小本子（户口簿）向银行走去。（想一想，如果你拿着身份证在父母的陪伴下，也能办理一张存折 / 银行卡吗？）

到了银行，客户经理热情地接待了他们，并带着福娃取号、填表、交表格，在银行的柜台前输入密码、领取存折（银行卡）等。

办理一张存折（银行卡），需要经历哪些步骤呢？我们一边看图一边学一学吧！

1. 取号

2. 填表

3. 交表格

4. 输入密码

5. 领取存折（银行卡）

财富百宝箱

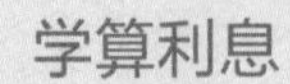

中国工商银行存款利率表：

人民币存款利率表

日期：2015-10-24

项目	年利率%
一、城乡居民及单位存款	
(一)活期	0.3
(二)定期	
1.整存整取	
三个月	1.35
半年	1.55
一年	1.75
二年	2.25
三年	2.75
五年	2.75
2.零存整取、整存零取、存本取息	
一年	1.35
三年	1.55
五年	1.55
3.定活两便	按一年以内定期整存整取同档次利率打6折
二、协定存款	1
三、通知存款	
一天	0.55
七天	1.1

利息是人们从储蓄存款中得到的收益，是银行在合理合法使用人们的储蓄存款之后而支付的“报酬”，是存款本金的增值部分。那么，利息是如何计算的呢？

利息 = 存款本金 × 利率 × 存款期限

例如，假定一年期定期存款的年利率是 2.25%，那么存款本金 1000 元的一年定期存款，到期利息应为 $1000 \times 2.25\% \times 1=22.5$（元）。

智慧闯关

假如你有 200 元零花钱，并有意将这些钱存入银行，你准备选择哪种存款期限的呢？试着算一算到期后你可以得到的利息是多少元。

学习了这么多有关储蓄的知识，你知道怎样才能使自己的零花钱保管得既安全，又能增值了吧！

第三课 玩转自动柜员机

财商密码

自动柜员机是一种客户进行自助服务的电子化设备，是新型的银行电脑终端，其具有存款、取款、卡对卡转账、查询余额、修改密码等功能。自动柜员机24小时服务，并以其自助操作特性实现了客户存取款的方便、快捷。

今天，就让我们一起来了解自动柜员机的相关知识吧！

（注：不同的自动柜员机可能存在一定的差异）

客户持卡到自动柜员机前，按机器界面的提示可以进行相关业务操作。在自动柜员机上输入的密码为取款密码，一般要求输入的密码为6位数。取款时，每张银行卡每天最多取款20000元。存款时，每天存款次数不限，但一次存款最多纸币张数为100张，且存款机只接受面额为100元和50元的纸币，存款时，不同面额、不同版本的人民币可混放。

不同银行的自动柜员机功能区的位置可能不一样哟！

财富百宝箱

关于防范银行卡诈骗的提示

广大持卡人要妥善保管好个人的银行卡及密码；对来历不明的短信或电话要提高警惕，任何情形下都不要轻易向他人透露账户信息，更不能通过自动柜员机向不明账户进行转账；如果接到可疑电话、短信、邮件、通知，可直接通过发卡行统一的客户服务电话进行确认；办理信用卡应前往有关银行网点柜面办理。

智慧闯关

你有过在自动柜员机上取款的经历吗？小组合作演示一下操作流程吧！请在对应的括号内填上相应的数字，以便取款流程顺利操作。

（　　）点击（按下）取款界面（按钮）

（　　）输入密码

（　　）选择（输入）取款金额　　　　（　　）退卡

（　　）插卡　　　　　　　　　　　　（　　）确定

（　　）取钱　　　　　　　　　　　　（　　）打印回单

一诺千金的玫瑰誓言

虽然“复利”和“利息”这些词儿都远离孩子们的圈子，但在日常生活中，它们却时刻与你我相连。

1797 年 3 月的一天，拿破仑在卢森堡一小学演讲时说：“为了答谢贵校对我的盛情款待，我不仅今天呈上一束玫瑰，并且我承诺在未来的日子里，只要我们法兰西存在一天，每年的今天，我都会派人给贵校呈上一束价值相等的玫瑰，以它作为法兰西人民与卢森堡人民友谊的见证。”谁料时过境迁，拿破仑忙于应付战争和政治事件等，而把在卢森堡许下的玫瑰诺言抛到了九霄云外。1984 年底，卢森堡又提起此事，还向法国政府提出违背“赠送玫瑰花”诺言案索赔，并提出两种方案：一种是从 1797 年算起，以 3 个路易作为一束玫瑰花的本钱，以 5 厘复利计息全部清还这笔玫瑰账；另一种方案是……法国政府准备不惜一切代价挽回拿破仑的声誉，但是计算机算出的数字着实让他们吃惊不小，原本 3 个路易的小小许诺，本息至今竟高达 1375596 法郎。

经几番讨论，法国政府给了卢森堡一个满意的答复：“法国将对卢森堡的中小学教育事业给予支持和赞助，以兑现那一诺千金的玫瑰誓言。”

建立我的小账户

银行的叔叔阿姨们为我们专门设计了儿童专属储蓄卡，让我们一起来了解一下吧！

它们分别有中国民生银行“小鬼当家卡”、中国工商银行“宝贝成长卡”等。

在亲人的陪伴下让我们到自动柜员机上体验一下如何查询和存取款吧！

想一想：信誉为什么胜过金钱？诚实守信为什么是生财之道？

福娃郑重提示：

当我们有了自己的银行卡后，在自动柜员机上存款、取款时，一定要有爸爸、妈妈的陪伴，以防意外哟！

消费小达人

我们常常会听大人说："冤枉钱"，那么啥叫"冤枉钱"呢？它就是花了不该花的钱，花错了钱……可见，花钱也是有学问的。花钱的学问从哪里来呢？从生活中来。

福娃提醒：要是在每一次消费前，你都能弄清楚什么是自己"想要的"，什么是"需要的"，什么是"能要的"，理性购买打折商品，会识别标签条码，能货比三家，会讨价还价，而不是跟着广告走，随性购买，那么你就能成为消费小达人哟！

第一课 小小愿望卡

在生活中，有些东西，如果我们拥有了，会感到快乐；如果没有，也不影响正常生活，那么这些东西就只是我们"想要的"。"想要"是一种令你感到兴奋，却又不是必需的感觉，它可能只是一次旅行、一件漂亮衣服、一个自己喜欢的玩具带给你的感受而已。当"想要"不能实现时，你可能会一时沮丧，但仍然可以过着正常的生活。

有的开销则是必不可少的，否则，生活都会变得非常困难。这些开销就是我们所"需要的"，例如日常饮食消费、住房开支、交通费等，没有它们，我们的生活将寸步难行。

人们"想要"的东西很多，但真正"需要"的很少，而受钱的多少的制约，"能要"的就更少了。

俗话说"冲动是魔鬼"。如何打败这个"小魔鬼"，就要分清楚这件商品到底是我们"需要的"还是"想要的"。这件事儿说难不难，说易也不易，但如果你能在购买时细心想想：或许它是我成长的助力，或许它是我前进的帮助；或许它只是我们的一时兴起，或许它只是为了满足我们的虚荣心……在想过这些问题后，也许你就能够判断"想要"和"需要"的区别，进而合理消费了。

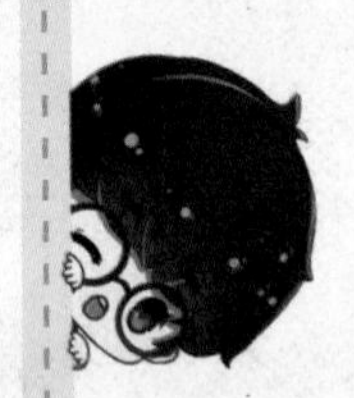

你最近想买的东西有哪些呢？赶紧写在下面这张愿望卡上吧！如果你每一次买东西前都能够坚持这样做了，那么你或许就可以抑制住心里的那只“小魔鬼”，分清“想要”与“需要”，实现理性消费了！（以一个月为限）

愿望卡	
我想买：	月初心动指数 ♡ ♡ ♡ ♡ ♡
	月中心动指数 ♡ ♡ ♡ ♡ ♡
	月末心动指数 ♡ ♡ ♡ ♡ ♡
	愿望实现 NO YES

(用喜欢的颜色涂“♡”）

将你的愿望和爸爸、妈妈一起分享，请他们帮你分析分析如何才能理性消费，同时又能够更好地满足自己的愿望。

财富百宝箱

钱多多妈妈的妙招

让“想要”变得理性，钱多多的妈妈有妙招！

一天，多多在愿望卡上写下：“我想得到最新版的‘熊大’‘熊二’！”还兴冲冲地跑去告诉了妈妈。

妈妈瞧了瞧多多床上躺着的一大堆“熊大”“熊二”，又看了看手边那一大堆事儿，便生气地说：“‘熊大’‘熊二’都把你的床占满了，还买！”

“这可是最新版的，旧的早玩腻了！”多多理直气壮地回答道。之后，她气嘟嘟地跑回屋，还重重地关上了门。

妈妈想让多多的“想要”变得理性，于是在左思右想后，她通过 QQ 群邀请了多多的好朋友们来家里玩儿。

妈妈把“熊大”“熊二”摆满了桌子，让孩子们玩儿，大家可高兴了，还你一句我一句地说个不停，并编着故事让“熊大”“熊二”“活”了起来。多多看到自己的“旧玩具”这么“受宠”，仿佛变“新”了，也一下子来了兴致，不仅再也不觉得旧玩具腻了，还十分珍惜它们。

“多多，旧玩具好像真应该淘汰了，明天我们去买新的吧！”

“不要，谁说它们不好的！你看，它们有新身份了！”

“那新玩具不买了？”

“现在的就很好啊！不用买新的！”

妈妈看到多多的变化很开心。

想个办法让孩子重新认识自己的玩具或者其他物品，然后让“想要”变得理性！钱多多的妈妈真是个聪明的妈妈。

智慧闯关

钱多多在玩具店缠着爸爸买溜溜球。“其他小朋友都有溜溜球，阿坤的溜溜球还是我们班上最贵、最好的，就我没有！最近我们班上还要举行溜溜球比赛哪！你让我怎么参加呀！”钱多多对爸爸抱怨着。爸爸想：班级集体活动，孩子应该参加，溜溜球该买，但是一定不能让孩子养成攀比的习惯。

如果你是钱多多的爸爸，你怎么才能既实现多多的愿望，又让她明白理性消费的道理呢?

通过填涂“小小愿望卡”，希望小朋友们获得启发，以养成理性消费的好习惯。

第二课 商品标签的秘密

商品的标签是贴在商品上的标志和标贴，包括文字和图案。商品标签上面包含的信息很多，比如商品的材料组成、重量、生产日期、质量保证期、厂家联系方式、产品标准号、条形码、相关的许可证和使用方法等。那商品标签在哪里呢？一般商品标签都是附着在商品的外部或者在商品包装容器的外部。我们在选购商品时一定要关注这些细节，才能买到让自己放心的商品哟！

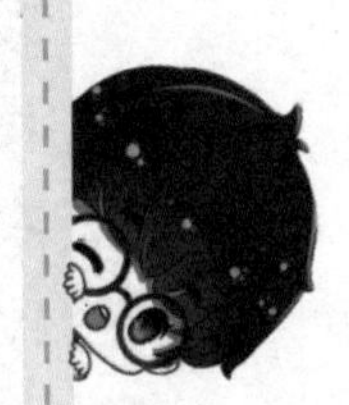

认识下面这些标志很重要！（部分）

说一说这些标志分别代表什么。

新型标签

目前，很多商家开始使用二维码作为商品的宣传通道。

财富百宝箱

《中华人民共和国食品安全法》

第六十七条 预包装食品的包装上应当有标签。标签应当标明下列事项：

（一）名称、规格、净含量、生产日期……

……

（三）生产者的名称、地址、联系方式；

……

智慧闯关

最近，有机食品很是流行，但是有机食品的质量却鱼龙混杂，难以辨别。对此，你有什么好的建议可以帮助消费者识别有机食品的优劣吗？

通过多种渠道去揭开商品标签的秘密，从而帮助大家更好、更放心地选购心仪、高质的商品。

第三课 消费小达人攻略

在经济日益繁荣的今天，我们不可能生活在没有金钱的虚幻世界中，因此，学会合理花钱势在必行。

在日常消费过程中，我们容易受到广告等各种宣传的诱惑，从而进行不理智的消费；不会讨价还价，过于要面子，最终成了“冤大头”。那么今天就让福娃教你一些消费小达人攻略，以实现理性消费吧！

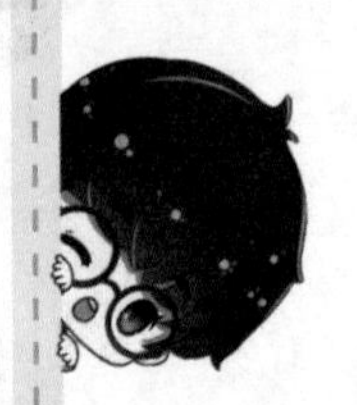

攻略一：抵制“广告轰炸”

广告铺天盖地，商店星罗棋布，购物的诱惑真的很大。但是，有些广告会过于夸大商品的优点、掩盖其缺点，使人迷惑。因此，我们要清晰地认识到最需要的东西才是最有用的，再好看、再便宜的东西，买来不适用，也是枉然。

攻略二：学会讨价还价

在许多购物场所，我们都可以合理地讨价还价，千万不要觉得讨价还价丢了面子而放弃了本可能属于自己的利益。同时，讨价还价不仅能让你用更少的钱买到更满意的物品，还能展现你的智慧，让你体验购物的另一番乐趣。

攻略三：货比三家不吃亏

在购物的过程中，你还要学会货比三家。因为只有在对比的过程中，才能了解该商品的行情以挑选更适合自己的商品。如果你希望物有所值，甚至物超所值，那么你就要多对比一下。

攻略四：理性购买打折商品

超市和各大卖场经常会推出各种打折商品，很多人都会在这时购买一些物美价廉、物超所值的东西。

其实在购买打折商品的过程中也有不少学问。

第一，对比购买。当看到商家的打折广告时，仍要对自己想买的商品进行价格比较。

第二，认真检查商品质量。看到一大堆人都在抢购打折商品时，不要蜂拥而上，抢到就买，而要认真查看标签，检查质量，特别是对食品类商品的保质期一定要多看一下哟！

第三，不要盲目抢购。我们一定要根据需要购买商品，否则容易造成不必要的浪费。

财富百宝箱

购物注意事项

1. 理智看待商场的活动返券。

2. 多听建议，防止不理性消费。

3. 特别注意食品类商品的保质期。

4. 保护个人隐私，以防造成不必要的损失（特别是在刷卡购物时，要防范他人窃取你的银行卡密码等个人信息）。

5. 购物后一定要保存好购物小票，以确保自己的合法权益能够得到有效保障。

6. 自带环保购物袋，不仅方便，还可以保护地球环境哟！

智慧闯关

福娃想用自己攒的零花钱买一台学习机，花费不能超过2000元。请你运用我们学过的购物知识，为他设计一份科学的购物攻略，让他顺利、愉快地买到心仪的学习机。

大富翁小故事

我只是这笔财富的“看管人”

比尔·盖茨，全球最富有的人之一，微软公司创始人。然而，他却有令人称道的节俭意识和节俭精神。

比如他没有私人司机，公务旅行不坐头等舱，衣着也不讲究什么名牌，还对打折商品感兴趣。对此，他曾在杂志上发表自己的见解：“如果你已经习惯了过分享受，那么你将不能再像普通人那样生活，而我希望过普通人的生活。”

有一次，比尔·盖茨到我国台湾演讲，他让随从在下榻的宾馆预订了一间价格便宜的客房，很多人对此大惑不解。比尔·盖茨却说：“虽然我明天才离开台湾，今天必然会在宾馆里过夜，但我的约会已经排满，真正在宾馆里所待的时间可能只有两个小时，那么我又何必浪费钱去订总统套房呢？”比尔·盖茨在生活中遵循这样一条原则：“花钱如炒菜一样，要恰到好处。盐少了，菜会淡而无味；盐多了，苦咸难咽。”

比尔·盖茨十分疼爱自己的孩子，但他从不会给孩子大笔的零花钱，因为他认为在钞票中长大的孩子容易被“宠坏”，甚至会让他们一事无成。所以盖茨夫妻将自己的财产捐给最需要它们的人。对此，他常说：“我只是这笔财富的‘看管人’。”

比尔·盖茨十分疼爱自己的孩子，但他从不会给孩子大笔的零花钱。你赞成这种做法吗？为什么？

爱心生日会

小朋友们已经积累了不少的财商知识了，那么请运用你们所掌握的知识，给班上的留守同学办一次生日聚会，并想想怎么让他的生日过得既愉快又有意义吧！先把想到的东西写进愿望卡，再去商场挑选价格合理且物超所值的礼品，也可以采用网络团购等方式哟！

家庭财富密码

生活中缺一不可的"衣、食、住、行"，也蕴藏着财商大学问。想让自己学会管钱，就从家庭餐桌开始；想让自己少花冤枉钱，就从怎样穿衣戴物开始；想让自己做好计划和预算，就从如何住和行开始。

在日常生活中学会和钱打交道，就能获取终身受益的财富管理知识哟！

第一课 吃穿中的财富

财商密码

吃饭是一件大事儿，但吃什么、怎么吃和怎样才能吃得有利于我们的健康成长，且让我们感到“节约”“幸福”，其中却大有学问。

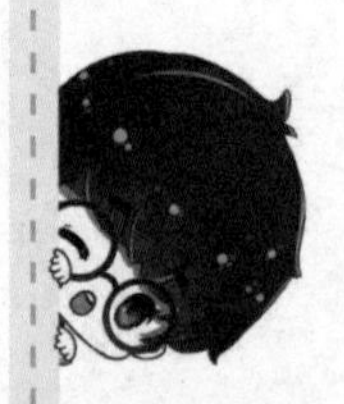

在日常生活中，我们的衣服、裤子……都是我们穿着上的财富。

山珍海味也好，粗茶淡饭也罢，无论吃什么，只要营养、经济就好；绫罗绸缎也好，粗布麻衣也罢，无论穿什么，只要温暖就好。

餐桌上的营养课：健康生活方式与行为

1. 膳食应当以谷类为主，多吃蔬菜、水果和薯类，注意荤素、粗细搭配。

2. 提倡每天食用奶类、豆类及其制品。

3. 膳食要清淡，要少油、少盐、少糖，食用合格碘盐。

4. 讲究饮水卫生，每天适量饮水。

5. 生、熟食品要分开存放和加工，生吃蔬菜水果要洗净，不吃变质、超过保质期的食品。

6. 勤洗手、常洗澡、早晚刷牙、饭后漱口，不共用毛巾和洗漱用品。

餐桌上的财务课：帮助父母计算家庭开销

其实我们每天都有一张餐桌账单。每人每天的餐桌账单：早餐＋午餐＋晚餐。家里一周的餐桌账单：每人每天的花销 × 人数 ×7 天（一周）。

餐桌上的道德课：选择“光盘行动”

我国传统的家庭餐桌要求可用“1 首诗 +1 个故事 +1 碗‘福根’”来表示。

1 首诗：“锄禾日当午，汗滴禾下土。谁知盘中餐，粒粒皆辛苦。”

1 个故事：“千人糕”的故事，让我们学会尊重他人的劳动，不浪费粮食。

1 碗‘福根’：不浪费每一粒粮食，目的是保住自己的福根。

穿着上的财务课：

算一算，（一年四季）你身上的“财富”：春装＋夏装＋秋装＋冬装＝总价。

算一算，（从头到脚）你身上的“财富”：帽子＋围巾＋衣服＋裤子＋袜子＋鞋子＋……＝总价。

爸爸、妈妈为我们提供衣食，在算了自己的衣食账之后，你最想对爸爸、妈妈说些什么呢？（请填写在下面的“♡”里）

财富百宝箱

用餐礼仪

中国文化讲究“吃相”，吃相好，彬彬有礼，意味着有家教，与人交往受欢迎；吃相不好，狼吞虎咽，不顾及他人，意味着少礼数，影响人际关系。所以，中国古代特别重视进餐的礼仪学习和训练。

其实在国外也讲究“吃相”，比如在英国，父母在孩子很小的时候就开始系统训练他们的用餐礼仪，不用多久，孩子便基本学会了餐桌上的所有礼仪。用餐礼仪也是英国人举世闻名的绅士之风的重要组成部分，英国家庭至今还保持着这一教育传统。

智慧闯关

如果你是家里的“小当家”，请你和爸爸、妈妈共同制订一份合理的全家人的“春季购衣计划”。

春季购衣时，你也得记住：正确区分“想要的”“需要的”和“能要的”哟！

春季购衣计划

同时，别忘了加入“光盘行动”，拒绝舌尖上的浪费。节约，从我做起！

第二课 房子里的财富

不同的住房类型有不同的价格区间，但无论房子多大、多好，它也不会是衡量幸福的唯一标尺。

这幢别墅，价格：9000~17000 元 / 平方米。

这几幢小区房，价格：13000 元 / 平方米。

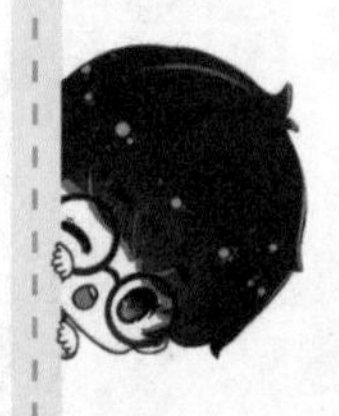

这几幢楼房，价格：8200 元 / 平方米。

你知道吗，家庭生活的幸福感与居住面积的大小关系并不大。

让我们看看这一套房子里包含着多少财富。

厨房

客厅

卧室

一套房屋的总价 = 每平方米的价格 × 房子的面积 +……

房内所有物品的总价 = 柜子 + 沙发 + 桌、椅 + 冰箱 + 计算机 + 电视 +……

一套房屋的装修费用 = 地砖 + 瓷砖 + 人工 +……

一套房屋入住前的总花销 = 房子总价 + 物品总价 + 装修费用 +……

试着为你现在居住的房屋列一张账单，算算它的财富值。

财富百宝箱

重庆市人民大礼堂的别样财富

重庆市人民大礼堂不仅外观华丽、庄严，而且饱含了深厚悠远的中华文明，是重庆人民艰苦奋斗的象征。

重庆市人民大礼堂作为重庆市的标志性建筑和中国最宏伟的礼堂建筑之一，在国内外都有较大影响力，被评为“亚洲二十世纪十大经典建筑”之一，是重庆市市级文物保护单位。

智慧闯关

我的房间我做主

想拥有更满意的书房或卧室吗？和爸爸、妈妈商量一下，再制订一个“陋室大改造”计划，让自己的房间变得更有个性、更漂亮吧！

选择商品时，不仅要考虑价格因素，还要考虑质量、环保等因素哟！

第三课 出行中的财富

出行，与目的地、路线、出行方式等密切联系，和“吃、穿、住、用”一样离不开钱。中国有句古话叫“穷家富路”，那么为什么出门要“富路”呢？

随着社会的不断发展，人们在出行时有了多样化的选择。那么，怎样的出行选择才是最安全、最快捷、最划算、最环保的呢？

“行”的选择

1. 选择目的地：近的还是远的

2. 选择路线：省钱 + 省力 + 省时 +……

3. 选择出行方式：步行、骑自行车、乘公交车、乘出租车、乘轨道交通工具、乘火车、乘飞机……

福娃和同学在游览了重庆的解放碑后，准备去重庆动物园、重庆中国三峡博物馆、重庆市人民大礼堂等地，那么他们应该怎么规划出一条合理的路线呢？来看一下交通图吧！

大家选择了目的地后，一定要规划好路线，选好出行方式，以便尽量不走重复的路线，最大限度地节省时间……

财富百宝箱

网络搜寻地图

当我们对旅游目的地不太了解时，可以借助网络浏览相关地图、搜索线路、查询公交车线路等，为出游提供方便。我们可以利用常见的网络地图为我们正确导航，这样不仅可以让我们提前了解目的地所在位置及其周边情况，还可以让我们找到最方便快捷的路线以省时、省力、省钱……

智慧闯关

作为重庆的小主人，你知道重庆有哪些好玩的地方吗？请你设计一份“重庆一日游”出行计划，并给大家介绍介绍吧！记得要花最少的钱，游览最“美”的地方，来一次完美的“穷游”哦！

“重庆一日游”出行计划

出行时间	早	中	晚
景　点			
路线及出行方式			
重庆美食			
所带物品			
温馨提示：			

“吝啬”的富豪

——宗庆后

虽然坐拥数百亿资产，宗庆后却依然维持着他一贯的作风：简单生活、节俭办公。

他的穿着很朴素，也不热衷于贵族运动，不追求高档电子产品……

一次在西湖边录制完电视台的节目，他感觉很舒服，下属建议以后多到湖边办公。他却说：“还不到享受的时候啊！”

看了上面的故事，你得到了怎样的启示呢？再看看自己和身边的小朋友，今后你又会怎样去做呢？

旅游攻略

如果你们一家人要外出旅游，那么请你与爸爸、妈妈一同设计一个旅游攻略，攻略中应包括出行时间规划、路线规划、省钱规划、购物规划、食宿规划等内容（你一定要全程参与攻略的设计）。之后，你应该依据攻略灵活“作战”，及时记录旅游全程的相关情况，以便在旅行结束后做好总结与分析哟！

你还可以把旅行途中买到的自己喜欢的东西，拿到“校园跳蚤市场”上售卖，从而学做生意哟！注意在买卖过程中学习“沟通、计算、决策、讨价还价”等技能。

旅行不在乎远近，而在乎一家人一起上路，一同感受其间的愉悦。身未动，心已远，快行动吧，做一份完美的家庭旅游攻略！

我们去______的旅游攻略

第六单元

比金钱更重要的

在生活中，金钱很重要，它可以满足我们的许多需求。那么是不是有钱就能让我们感受到幸福，或者说越有钱就越幸福呢？其实，答案当然是否定的，因为在这个世界上，有比金钱更重要的东西，比如诚信、智慧、感恩、健康、慷慨、友善、关心他人……它们才能给我们带来真正的幸福。

第一课 诚信是“金”

小朋友们，你们知道什么是“诚信”吗？

诚信是以真诚之心，行信义之事。诚是真实、诚恳；信是信任、信用。所以说，诚信是诚实无欺、信守诺言、言行相符、表里如一。中国是礼仪之邦，“诚信”是中华民族的传统美德，是中国人为人处世的基本道德规范。

旧时中国的店铺前，一般都写有“货真价实，童叟无欺”八个大字；在商品买卖中，中国自古就提倡公平交易、诚实待客、不欺诈、不做假的行业道德。

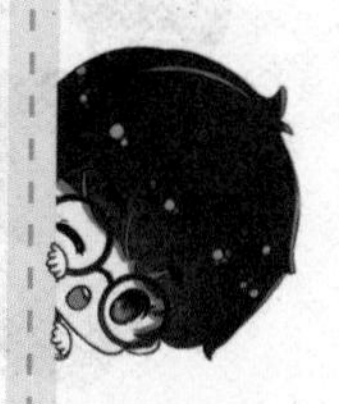

在现代社会，诚信更是各种商业活动的最佳竞争手段，是市场经济的灵魂，是企业真正的“金质名片”。

“一诺千金”“一言既出，驷马难追”，这些反映古人重诺言、重信用、讲诚信的词句，千古流传，至今依然是我们为人处世的座右铭。

拥有诚信，一根小小的火柴，可以燃烧一片星空；拥有诚信，一片小小的绿叶，可以倾倒一个季节；拥有诚信，一朵小小的浪花，可以飞溅起一片海洋。

诚信是一个人品德的基石。一个讲诚信的孩子总会显得格外有魅力哦！

我们到图书馆借阅书籍，如果逾期还书，那么就要缴纳一定的滞纳金。所以一定要记住按时归还哟！

财富百宝箱

信用卡里的诚信

现代社会，信用卡在带给我们方便、快捷的同时，我们还应注意：信用卡逾期未还款，个人信用有不良记录，会对自己及家庭造成很大的影响。

“如果不是自己疏忽大意，现在已经买房子了。”市民 × 先生讲起自己的疏忽时仍悔恨不已。× 先生在 ×× 银行办理了一张信用卡，在一次消费还款之后，没察觉信用卡里还有 5 角 8 分钱未还清。令 × 先生没有想到的是，正是这 5 角 8 分钱逾期未还，彻底打碎了他的购房梦。“我怎么会有不良信用记录？”当银行工作人员告诉他因为有不良信用记录而不能贷款买房时，他气愤地吼出了这句话。“不会错的，您是没还清信用卡的欠款。”银行工作人员指着计算机屏幕的查询记录对他解释道。这时，× 先生这才发现自己竟然因只欠了 5 角 8 分钱而被纳入了不良信用记录名单，从而失去了向银行贷款买房的机会。

爸爸、妈妈的钱包里一般都会有几张信用卡，你一定要记得定期提醒他们按时还款哟！

智慧闯关

为了养成诚信的习惯，你可以试着写“诚信日记”，记录自己每天遵守了多少对朋友和父母许下的承诺哟！

第二课 智慧创富

智慧并不是指单纯的“知识”，而是一种心理素质和运筹能力，拥有它不仅能帮助我们解决困难，还能给我们创造财富，引导我们走向成功，从而让我们永不“贫穷”。

他们是智慧创富的佼佼者

爱迪生，世界著名的发明家、物理学家、企业家，拥有的发明专利超过1000项，被人们称为“门洛帕克的奇才”！他发明的留声机、电灯等极大地丰富和改善了人们的生活。

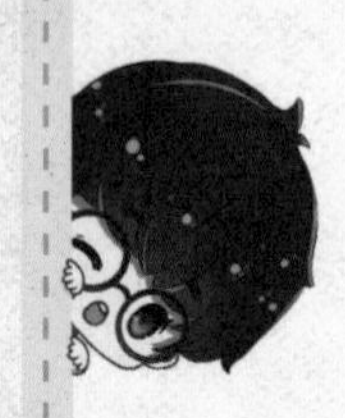

犹太商人卡尔·麦考尔，麦考尔公司董事长，原本籍籍无名的他却因为一堆“垃圾”而声名鹊起。

1974年，他与美国政府签下翻新自由女神像的协议。之后，他将翻新时扔掉的大堆废铜熔化，铸成小自由女神像；其他金属材质的边角料则做成纽约时代

广场样式的钥匙坠予以出售。不到3个月的时间，他就让这堆“废料”变成了350万美金，使每1磅铜的价格整整翻了1万倍……这些看起来细小但却无处不在的小智慧，就是犹太商人开启成功之门的金钥匙。

中国杂交水稻育种专家，被誉为“杂交水稻之父”的中国工程院院士袁隆平。他用一粒种子改变了世界，他创造的社会财富，只有两个字可以形容——无价。而他自己，依旧躬耕于田畴，淡泊于名利，真实于自我。他以一介农夫的姿态，行走在心灵的田野，收获着泥土的芬芳。

马云，阿里巴巴集团的主要创办人，中国互联网行业的先锋人物。2001年被世界经济论坛评为“全球青年领袖”，2004年被中国中央电视台评为“年度十大经济人物”之一，2005年被美国《财富》杂志评选为“亚洲最具权力的25名商人”之一……

财富百宝箱

全国青少年科技创新大赛是一项以激发青少年科学兴趣、培养其创新精神和实践能力为宗旨的青少年科技竞赛活动。大赛在政府和社会各界的支持下，培养和选拔了一大批具有科学潜质、创新精神和实践能力的科技创新后备人才，全国已有很多青少年参加了各级竞赛，已经成为目前面向全国中小学生开展的规模最大、层次最高、影响最广泛的青少年科技活动之一。大赛激励了更多青少年爱科学、学科学、用科学，从而用青少年的科学梦，托起中华民族伟大复兴的中国梦。

通过科技创新大赛，许多小发明已被转化为科技产品为人类服务，这些小发明家们也因此而为人类创富。

智慧闯关

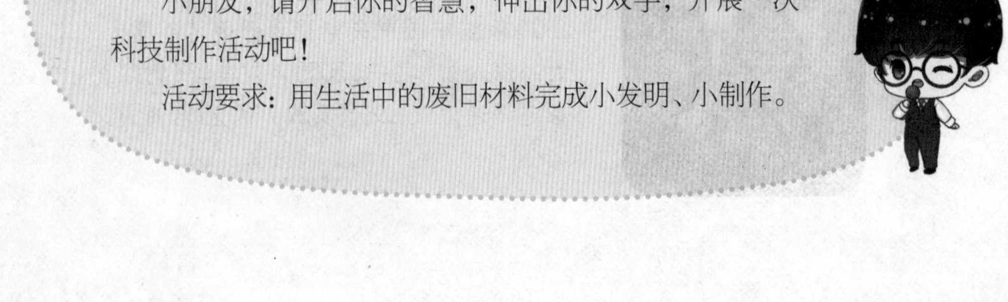

地球上的资源越来越少了，我们要用行动来保护地球，那就从“变废为宝”开始吧！

小朋友，请开启你的智慧，伸出你的双手，开展一次科技制作活动吧！

活动要求：用生活中的废旧材料完成小发明、小制作。

第三课 慈善与爱

对于亿万富豪比尔·盖茨，也许，你会问：他的钱怎么才能花完呢？其实，他从没想过要独自花完那些钱，而是将自己的财富给予更多需要帮助的人。于是，他设立慈善基金，从世界上最富有的人变成了世界上最大的慈善家。

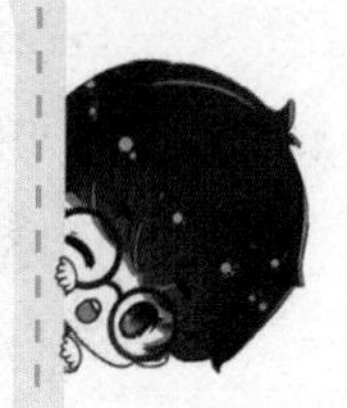

慈善，我们可以把它解释为慈悲的心理驱动下的善举。这里面包含了两层意思，一是慈悲的心理，二是善举。真正意义的慈善行为应是一种不附加要求的施舍。

余彭年

——“中国最慷慨慈善家”“华人裸捐第一人”

首善万户“光明行”。余彭年“最满意的事”——“光明行动”，为青海、宁夏、西藏等20余省区的近40万名白内障患者进行免费治疗，使他们摆脱了失明的痛苦。

热心教育慈善。2012年起，余彭年给全国20多所高校的捐款总额达7000万元。他曾表示，捐赠的目的是培养国家未来的栋梁之材。

不留身家于子孙。“儿子弱于我，留钱做什么？儿子强于我，留钱做什么？”这是余彭年生前接受采访时说过的一句话，因为他更想把自己毕生积累的财富用于慈善事业。

对于孩子们来说，为灾区的小朋友们捐款，是在做慈善；参加“衣旧情深”送温暖活动，也是在做慈善；在社区做志愿者，还是在做慈善……

慈善就是拿出我们的钱、我们的时间、我们的劳动……去帮助需要帮助的人。这是一件好事儿。一个有钱人不一定能得到大家的尊重，但是一个慈善家会得到所有人的爱戴。

每一个孩子都可以成为一个慈善家，现在就可以，不用等到以后。只要你每天少吃一点儿零食，少用一些零花钱，把钱存起来，捐给需要帮助的人，或者把你不需要的物品（仍然可用）捐给需要的人就可以了。只要你有一颗善良的心，并愿意将自己的东西与他人分享，你就是一个小小“慈善家”。

财富百宝箱

我国十个具有较大影响力的慈善机构

据上海人民出版社 2010 年出版的《财商教育》（初级版）所载，我国有十个具有较大影响力的慈善机构。它们是：中华慈善总会、中国残疾人联合会、中国青少年发展基金会、中国扶贫基金会、中国妇女发展基金会、中国红十字会、中华环境保护基金会、中国宋庆龄基金会、中华见义勇为基金会、中国光彩事业促进会。

智慧闯关

小小志愿者活动

开展一次小小志愿者活动，做一个有爱心的人，做一个小小“慈善家”。

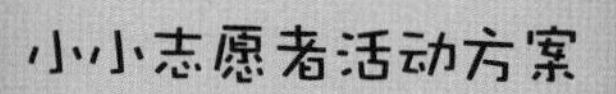

邵逸夫的故事

有门户网站做了一份关于“提起邵逸夫，你首先联想到的是什么？”的网络调查。结果显示，超过八成网友选择了“逸夫楼”。在重庆的大学、中学、小学里，你也能看到一幢幢矗立着的逸夫楼。

早在1973年他就设立邵氏基金会，致力于各项社会公益事业。历年捐助社会公益、慈善事务超过100亿港元。

从1985年起，邵逸夫平均每年都拿出1亿多元用于支持内地的各项社会公益事业，对于中国教育事业更是情有独钟。据不完全统计，邵逸夫共捐赠内地的科教文卫事业逾45亿港币，捐建项目总数超6000个。其中80％以上为教育项目，受惠学校千余所。2003年，邵逸夫创立了有“东方诺贝尔奖”之称的“邵逸夫奖”，表彰全世界科技拔尖人才，支持香港、祖国内地以及世界其他地区的科学研究。

邵逸夫还热心捐助受自然灾害影响的地区，例如在1999年捐出2500万港元，救助台湾“9·21”大地震灾民；2005年，捐出1000万港元予南亚海啸受灾地区；2008年，向四川地震灾区捐款1亿港元。

1974年，邵逸夫获英女王颁发CBE大紫荆勋衔。1977年，获英女王册封为爵士。1990年，中国政府将中国科学院紫金山天文台发现的2899号小行星命名为“邵逸夫星”。1991年，美国旧金山市将每年的9月8日定为“邵逸夫日”。2008年，邵逸夫获中华人民共和国民政部授予“中华慈善奖终身荣誉奖”，以赞扬他长期致力于慈善事业的精神。

班级“爱心义卖会”

举行一场班级“爱心义卖会”活动，学着把慈善这个美好的愿望兑现成具体的行动，为需要帮助的小朋友们打开一扇能让他们看到七彩阳光的窗户，从而使他们感受到社会的温暖。

活动建议：

1. 设定爱心慈善目标。

2. 了解拍卖和义卖的区别。

3. 调查、讨论并听取朋友们的意见。

4. 拟定“爱心义卖会”的活动方案。

5. 争取有关慈善机构和组织的支持。

6. 进行“爱心义卖会”活动的宣传、广告设计等。

7. 将爱心义卖活动所得捐献给有关慈善机构和组织。

8. 及时总结“爱心义卖会”活动相关事宜，并形成书面报告。

附录一

财商小活动集锦

《小小理财师的记账本》校园版

理财的第一步从记账开始

孩子们，理财是一件重要而又有趣的事儿，最好是能从小开始学习，但理财必须通过实践，才能慢慢地从中学到真正的精髓。

这本《小小理财师的记账本》就是你们学习理财的第一步，它一共分为三个版块：理财目标、记账表和优良集点表。如果大家能够认真学习并坚决执行各项要求，那么将来再学习其他理财知识和技能时，你们就会感到更加容易了。

要实现理财目标，可以通过慎重地选择商品，然后将相关条件逐一筛选，再得出和实际情况、愿望相符的结论。

“记账”是学习理财的重要开端，当父母开始给你零花钱时，你就应该开始记账，这样才能知道自己存了多少钱，花了多少钱，剩下多少钱……记得每个月都要拿记账表给爸爸、妈妈检查，如果准确无误，你可能还会得到奖励哟！若有错，你也应该找出是哪里出错了。

“优良集点表”是你主动收集优良品行的点数汇总表，当你帮忙做家务，关心了长辈、同学、朋友，考试得了好分数，拿到奖状等，都可以要求爸爸、妈妈给你记点，而累积的点数可以兑换家里已有的你心仪的食物和其他物品，还可以作为学校“理财童星”评比的依据。

老师、家长都会帮助你养成理财的好习惯，但要记住：坚持做，才会有收获哟！

小小理财师理财目标

<table>
<tr><td colspan="2">想要的商品：</td><td rowspan="7">过程记录：</td></tr>
<tr><td>所需金额</td><td>元</td></tr>
<tr><td>存款金额</td><td>元</td></tr>
<tr><td>存款金额与所需金额的差距</td><td>元</td></tr>
<tr><td>完成心愿的时间</td><td>天</td></tr>
<tr><td>何时开始</td><td>年 月 日</td></tr>
<tr><td>何时完成</td><td>年 月 日</td></tr>
<tr><td colspan="3">注：一段时间后，请想一想：它真的是我需要的吗？如果是，那么我们一定要努力去实现心愿；如果不是，我们一定要果断地放弃。这并不意味着我们失败了，而是说我们更理智了。</td></tr>
</table>

记账表

<table>
<tr><td>日期</td><td>项目</td><td>收入</td><td>支出</td><td>余额</td></tr>
<tr><td></td><td></td><td></td><td></td><td></td></tr>
<tr><td></td><td></td><td></td><td></td><td></td></tr>
<tr><td></td><td></td><td></td><td></td><td></td></tr>
<tr><td></td><td></td><td></td><td></td><td></td></tr>
<tr><td></td><td></td><td></td><td></td><td></td></tr>
<tr><td colspan="2">银行存款：</td><td colspan="3">存钱罐金额：</td></tr>
<tr><td colspan="5">本期余额：</td></tr>
<tr><td colspan="5">父母评价：</td></tr>
</table>

优良集点表

项目	洗碗10个						
日期							
点数							

项目							
日期							
点数							

（点数根据你所做的事情的难易程度和完成情况而定）

父母的评价：____________________

____

老师的评价：____________________

____

（渝中区东水门小学提供）

“新春中华小当家”活动

一年一度的寒假即将来临，我们的“新春中华小当家”活动也拉开了序幕。

希望爸爸、妈妈和孩子一起制订“新春中华小当家”活动中“新春快乐购”、记账本、压岁钱的处理等相关计划。在活动中，爸爸、妈妈应鞭策孩子们多多接触生活，多多接触社会，学会理财，从而让日常生活中的点点滴滴去培养他们的理财意识，提升他们的理财能力。

针对春节期间开销比较集中的特点，本着“花应花的，节约可节约的”原则，和孩子开展一次“新春快乐购”活动。活动形式由每个家庭自主选择，家长辅助孩子做好活动策划、活动小报设计、活动视频录制、消费账单清理、记账等相关事项。

在整个寒假期间，督促孩子继续记好记账本，因为一个好习惯的养成是需要时间累积的。

压岁钱是孩子最期盼的，可是应该怎样合理地处理压岁钱呢？爸爸、妈妈应该先帮助孩子制订一个理财计划，其内容包括花钱计划、存款计划等。

新学期开始后，学校将组织一次“新春中华小当家”展示活动，希望能看到你们家的精彩展示哦！

在新春佳节即将到来之际，祝福大家身体安康，阖家幸福！

（渝中区东水门小学提供）

“国庆 7 天乐”家庭花销晒一晒

国庆长假又如期而至，你们准备得怎么样了？计划怎样度过这个小长假呢？是宅在家里，还是全家出游……大家一起晒晒假日计划和花销情况吧！

尊敬的家长们，请花一点儿时间和孩子一起做！

项目分类	预算支出（单位：元）	实际开销统计（单位：元）
假日主食		
假日零食		
近郊旅游		
长途旅游		
假日购物（衣物、家庭用品）		
走亲访友		
其　他		
合　计		

（开学后，交回此表）

家长应鼓励孩子记好这 7 天的消费账目。注意做好上面的表格实际消费的统计，这还能考验孩子的计算能力哟！开学后，我们将会对认真参与活动的孩子给予奖励。

活动感言：（家长、孩子都可以写）

（渝中区东水门小学提供）

“重庆一日游”设计方案

活动目标

1. 通过活动，让学生了解重庆的主要景点并熟悉旅游的相关知识，以开阔学生视野。

2. 通过活动，让学生学会科学规划的方法；提升收集、筛选进而获取有效信息的能力；增强团队协作意识。

3. 通过活动，让学生知道规划的重要性，以养成事事规划的好习惯；提升他们的理财能力，强化他们综合运用知识以解决实际问题的意识。

活动流程

一、设计情境，导入活动

同学们，我们都是重庆人，你能用一句话来夸夸我们的家乡重庆吗？每天来重庆游览的人很多很多，作为重庆人，让我们试着去当一回小导游，向各位远道而来的客人介绍一下我们美丽的重庆吧！

现在，我们要组建六个“旅行社”。每个“旅行社”的成员要分工合作，共同设计一套“重庆一日游”的旅游方案，并向游客推荐一条“黄金旅游路线”。让我们六个小组来比一比、赛一赛，看看哪个小组介绍的旅游路线会受到更多游客的青睐。

二、组建小组、明确分工，并初步进行分组活动

（一）学生自愿分组后，明确分工。

（二）组内交流各自搜集到的旅游信息。

（三）各小组为各自的“旅行社”命名，并初步拟订“重庆一日游”方案。

三、集体交流共性知识以解决设计困难

（一）各景点的门票价格。为“旅行社”报价做准备，同时也方便游客货比三家，让游客明明白白消费。

学生们七嘴八舌地报出了自己了解的各个景点门票价格。

同一景点一年四季的门票价格是否都相同呢？现在该景点是旅游淡季还是旅游旺季呢？

学生纷纷举手报出自己调查到的一些景点淡季、旺季票价。

一边报票价，一边运用投影仪展示景点的标志性建筑等相关图片、图表。

（二）景点的开闭时间。一般来讲，各景点开放时间通常是8:00~17:00。了解了这些信息后，“旅行社”才能合理安排行程。

（三）租车费用。这是成本核算中很重要的一项。根据你所了解的相关租车费用情况汇报相关价格。

四、学生再次分组活动，拟订旅游方案

（一）基于对各景点特色和各特定群体旅游要求的了解，各组根据自己的旅游团特点，以选择旅游景点，确定旅游线路。

（二）制作简单的旅游路线图。要求：明确各景点分布，了解其周边情况，并在自制路线图中准确标识。活动中，学生应将所学的财商知识巧妙地融入其中。

（三）根据路线图设计一张行程安排表，并明确标注集合时间、地点和大致费用等情况，让游客明明白白消费。

（四）设计一面导游旗，作为旅游团队的标志。教师提供一张白纸和一根小棒等相关材料。导游旗的形状、颜色、标志、文字由各小组自定。

五、成果交流，学生互评

（一）各“旅行社”的“重庆一日游”旅游方案推介。

1. 展示导游旗，并介绍制作创意。

2. 介绍旅游方案，并向全班同学“推销”。

“旅行社”名称	服务群体	具体行程	报价	备注

（二）小组互评，提出具体意见和建议。

（三）请学生以游客身份来选择自己最心仪的“旅行社”。

六、教师总结

____

____

____

____

（渝中区解放小学提供）

附录三

“校园交易节”活动方案

一、活动目的

通过“校园交易节”系列活动，使学生养成良好的卫生习惯，锻炼学生的动手能力；推广“低碳生活，循环利用”的理念，强化学生节约资源、资源共享的意识，使他们养成良好的行为习惯。

通过现场交易活动，让学生初步了解并体验经商全过程（营业执照申请、卫生许可证申请、纳税、成本核算等），体验如何合理花钱、如何交易，初步培养学生的理财意识，锻炼学生理财能力，让他们明白“只有劳动才能创造财富”的道理。

二、活动内容

（一）食品卫生安全专题教育

各班利用活动前期的朝会课和队会课，针对交易节相关活动，对学生进行食品卫生安全的专题教育。

（二）财商课程

各班利用财商课，对学生进行有关财商的主题教育：认识钱币、了解金钱从何而来、诚信交易、零花钱（压岁钱）计划、理性消费、学会记账等。

（三）“校园交易节”活动

1. 时间范围：半天。

2. 活动地点：学校操场。

3. 活动对象：全校师生及部分家长代表。

4. 活动形式：以班为单位划分区域，分组摆摊布展（每班 5 个摊位左右）。

5. 交易内容：把自己闲置的物品（7 成新以上的物品），如玩具、学习用品、书籍，或者其他商品拿到“交易市场”进行交易，也可以批发各种小食品（必须是正规超市购买的零食类商品）。

6. 活动过程及注意事项。

第一，学校召开专题会议，详细布置“校园交易节”活动相关工作，要求班主任老师做好本次活动的宣传工作，鼓励学生积极参与活动（一、二年级可邀请家长委员会委员参与）。学生将本次活动的目的、形式、商品的范围，以及相关准备告知家长，以争取家长的支持与配合。

第二，销售角色分工。各班事先分组分工，对“工作人员”进行培训（制作、着装、销售等），活动中以小组为单位销售商品（定时轮换“销售人员”）。

第三，布置销售专区。各班根据学校安排的场地，布置好本班的销售区，各店自命名“店名”，将“店名”悬挂于摊位醒目处，并做好相关宣传促销工作，广告宣传的内容新颖、特点鲜明，以充分展示师生的营销策划能力（如：促销展板、海报、标语、条幅、促销口号等，注意语言的文雅）。

第四，各店提前一周到德育处申办营业执照（申报时需提供班级销售的商品信息），销售食品的摊位还必须到医务室申办卫生许可证，手续齐备方可营业。

第五，卫生保洁工作。在活动过程中，应注意保持本班销售专区的清洁卫生及销售人员的个人卫生，对此，学校大队部将进行专项打分。

第六，正、副班主任组织、指导学生进行班级盘存，算出盈利。

第七，活动结束后，各班须将以下材料各上交一份至大队部存档：学生参加此次活动后的心得体会材料；本班的宣传照片、交易照片、销售专区照片等相关影像资料各一张；班主任的财商教育教案和“校园交易节”活动中的典型案例分析各一篇。

第八，活动结束后，学校将根据活动情况评选出“班级销售冠军”“最佳创意奖（环境布置、宣传等）”和“卫生模范中队”等奖项。（名额不限，根据具体情况确定）

第九，活动税费。每班原则上拥有 5 个摊位，每个摊位缴纳定额税 1 元（如申请增加摊位，则每增加一个摊位缴纳 1 元税费）。

7. 时间安排。

8:30—8:50	布置柜台、相关人员集合，提示安全事项
9:00	校长致辞，宣布“校园交易节”开幕
9:10—11:10	交易时间
11:10—11:40	各班清理销售专区、回教室进行班级盘存、算出盈利
12:00	活动结束，各班放学

8. 工作人员安排。

活动总监：（略）

全面统筹：（略）

场地安排布置：体育组

各年级负责人：各年级分管领导

各班负责人：班主任及副班主任（分工负责买卖和学生安全）

巡场及突发情况处理：市场管理处（学校保安、安全管理员）

图像采集：（略）

资料收集及信息上报：（略）

安全工作负责人：（略）

（渝中区新华小学提供）

《财商启蒙》作为中国教育学会“十二五”规划重点课题“中小学财商教育的实验与探索”的子课题，暨中国教育学会中小学德育研究分会“十二五”规划课题“中心城区中小学财商教育的案例研究”的研究成果，在重庆市渝中区教委的统一策划和渝中区教师进修学院的精心组织下，六所参与该项目的小学积极编写，如今终于能够交付刊印。

本书的编写成员包括重庆市渝中区教委、渝中区教师进修学院和项目学校的相关领导、老师。首先由杨勇、张静、包蔼黎、张红、江明菊、赵小翠经过多次讨论并最终敲定全书的体例、风格、框架等。然后按照任务分工撰写初稿：第一单元，东水门小学吴至雄、王剑、张红；第二单元，新华小学郑书、陈晓玲；第三单元，大田湾小学向国中、杨斌；第四单元，石油路小学王瑜、祝琳玮；第五单元，解放小学杨德全、卢延玲；第六单元，枣子岚垭小学刘彦放、陈静。初稿完成后，编委会经过讨论认为全书的行文风格需要统一，部分文字需要调整，以便更贴近学生。据此，各单元负责人进行了第二次修改。之后，编委会邀请西南师范大学出版社教育读物分社杨光明副社长和周杰老师对全书的语言风格、排版、设计和版权等做出指导；还邀请重庆工商大学经济学院的经济学教授陈新力和沈红兵进行了专业性审读，并出具了专家审读意见。根据这四位专家的意见和建议，编委会进行了第三次细致的检查和修改，并将定稿交于西南师范大学出版社审读、编校、出版。

本书是为小学三、四年级年龄段孩子编写的财商读物，也可用作财商教材，其内容包括“钱是什么”“钱从哪里来”“管好自己的零花钱”“消费小达人”“家庭财富密码”“比金钱更重要的”

六个单元。每个单元都包括财商密码、财富百宝箱、智慧闯关、大富翁小故事、财商活动营等知识和活动环节，由本书主人公福娃带领孩子们一起在有趣的活动中感受财商的魅力。所以，本书浅显易懂、生动有趣，有助于学生的财商能力在活动中不知不觉地得到提高。

本书的编写前后花了两年多时间，每个参与其中的人员都对它付出了诸多心血，不过无论怎么细致周到，可能还是白璧微瑕，不可能做到完美无误，但希望瑕不掩瑜，并恳请广大读者批评指正。

如有意见和建议，请与我们联系。

联系邮箱：cqyzkeyanzhongxin@163.com

《财商启蒙》编委会

2016年1月

财商启蒙

财商就是指人认识、创造、管理和享用财富（资源）的能力，它包括三个方面：观念、知识和行为，是一个人作为经济人所应具备的基本素质。

在这个物欲横流的社会，学生对于金钱与财富应该秉持怎样的态度？如何正确使用金钱？如何用财富去帮助他人？这正是《财商启蒙》要解答的。

ISBN 978-7-5621-7885-9

9 787562 178859 >

定价：20.00元

装帧设计：助想设计